Seltene Erden. Eine systemische Betrachtung kritischer Rohstoffe für die Energiewende

Sebastian Hufe

Bibliografische Information der Deutschen Nationalbibliothek:

Die Deutsche Nationalbibliothek verzeichnet diese Publikation in der Deutschen Nationalbibliografie; detaillierte bibliografische Daten sind im Internet über http://dnb.d-nb.de abrufbar.

ISBN: 9783389085578
Dieses Buch ist auch als E-Book erhältlich.

Assignment IKK71
Interdisziplinäre Kompetenz

Seltene Erden

Eine systemische Betrachtung kritischer Rohstoffe für die Energiewende

Sebastian Hufe

AKAD University
Wirtschaftsingenieurwesen

30. Oktober 2024

Inhaltsverzeichnis

1 Einleitung

„Deutschland ist Autoland. Es gibt nur wenige Länder, die wie wir Autos in großem Stil produzieren und exportieren. [...] Deutschland geht es gut, wenn es der Autoindustrie gut geht. [...] Also muss eine Transformation des Verkehrs zwingend Standortsicherung, Wettbewerbsfähigkeit und Arbeitsplätze mitdenken. "[1] So beschreibt Henning Kagermann, Vorsitzender der Nationalen Plattform Zukunft der Mobilität, die Bedeutung der Automobilindustrie innerhalb der deutschen Wirtschaft in einem Interview mit der Zeit. Bezogen auf die Ziele der Energiewende führt er weiter aus: *„Wir sind das einzige Land, das gleichzeitig die Transformation der Mobilität und des Energiesektors [...] angeht. Wir dürfen daher die Mobilität nicht isoliert betrachten, sondern im engen Schulterschluss mit der Energiewende. [...]"*[2]

Der angesprochene Schulterschluss zwischen Energie- und Mobilitätswende fügt sich weiterhin in eine Gesamtbetrachtung der für beides notwendigen Ressourcen ein. Dazu zählen u. a. Seltene Erden (SE), eine Gruppe von Elementen, die für diese Zukunftstechnologien unverzichtbar sind und damit zu einer kritischen Ressource werden. Ihr Abbau gestaltet sich allerdings oft als aufwendig und ökologisch sowie ethisch bedenklich. Diese Arbeit soll sich mit dieser systemisch komplex vernetzten Thematik beschäftigen.

Dazu werden zunächst die Erfordernisse zur Abmilderung des Klimawandels beleuchtet und wie sich die Elektromobilität hierin einordnet. Anschließend sollen die SE näher betrachtet werden. Sie werden erst in ihren chemischen Eigenschaften beschrieben, bevor die bedeutendsten Abbaugebiete und deren Verwendungszwecke erläutert werden. Dabei liegt das Hauptaugenmerk auf denen innerhalb der Energie- und Moblitätswende. Im nachfolgenden Kapitel wird die aktuelle Situation in Bezug auf die Versorgungssicherheit und die damit verbundenen Ethischen Zustände systemisch eingeordnet. Hierzu erfolgt eine Aufteilung in eine ökologisch-ethische und eine ökonomisch-politische Betrachtung. Abschließend werden aus dem Gesamtkontext Handlungsempfehlungen formuliert, wie westliche Staaten, darunter Deutschland, weiter in Bezug auf den Umgang mit SE verfahren sollten. In der Zusammenfassung werden die Ergebnisse resümiert und anschließend kritisch reflektiert.

---

[1]Vgl. Zeit Online, 2019
[2]Vgl. ebd.

2 Globale Herausforderung Klimawandel

Der Klimawandel (KW) stellt unumstritten die größte gesellschaftliche, wirtschaftliche und auch politische Herausforderung des 21. Jahrhunderts dar. Nach rasant ansteigenden Treibhausgasemissionen durch die westliche Industrialisierung besteht inzwischen wissenschaftliche Einigkeit, dass er nicht mehr zu vermeiden, sondern lediglich abzumildern und seine Folgen so zu begrenzen sind. Das Pariser Klimaschutzabkommen von 2015 bildet nach wie vor den am weitesten fortgeschrittenen Stand der globalen politischen Willensbildung auf diesem Gebiet. Darin beschlossen 197 Staaten Maßnahmen zu ergreifen, die die Erderwärmung auf maximal 2°C, besser auf 1,5°C ggb. dem vorindustriellen Zeitalter zu begrenzen. Ob dieses Ziel realistisch ist, bleibt allerdings fraglich, da bereits 2021 eine Steigerung von 1,2°C erreicht war.[1] Die Auswirkungen sind bereits spürbar. So lässt sich durch den Temperaturanstieg eine deutliche Zunahme der Häufigkeit und der Stärke von Extremwetterereignissen wie Dürren, Überschwemmungen oder Stürmen verzeichnen. Ebenso steigt die Zahl und Intensität von Waldbränden weltweit neben einem Artensterben nie vorher dagewesenen Ausmaßes. Daraus ergeben sich schwerwiegende Auswirkungen für die Gesundheit und Lebensqualität von Millionen Menschen. Dazu zählen vor allem der zunehmende Wasser- und Nahrungsmittelmangel in den betroffenen Regionen, was durch Zerstörung von Ackerland zu erklären ist. Des Weiteren nehmen hitzebedingte Gesundheitsschäden sowie die Ausbreitung von Infektionskrankheiten zu. Alle diese Erscheinungen begünstigen zudem gesellschaftliche Spannungen im Kampf um verbliebene Ressourcen sowie Fluchtbewegungen in weniger betroffene Gebiete. Folglich ist eine drastische und sofortige Reduktion der weltweiten Treibhausgasemissionen (THGE) notwendig, um diesen Folgen und Auswirkungen zu begegnen. Die größten und damit wichtigsten Einsparpotentiale finden sich dabei in den Bereichen Energie, Verkehr sowie Nahrungsmittelproduktion.[2]

Im Hinblick auf die ethische Schwerpunktsetzung dieser Arbeit wird an dieser Stelle folglich auf die 5 ethischen Herausforderungen verwiesen, die Kenner und Mitautoren beschreiben. Diese erläutern zunächst die bereits genannten direkten Auswirkungen der klimatischen Veränderungen auf die Gesundheit und die Lebensverhältnisse der Menschen. So schätzen sie die Zahl der Todesfälle durch den KW zwischen 2030 und 2050 auf 250.000 pro Jahr. Im weiteren Verlauf werden die Gruppen beschrieben, die besonders stark vom KW betroffen sind. Dabei handelt es sich vor allem um jene, die zu dessen Ausprägung verglichen mit anderen, vor allem

---

[1] Vgl. Seneviratne, 2021
[2] Vgl. Kenner et al., 2022

industriellen Gesellschaften, verhältnismäßig wenig beigetragen haben. Zusätzlich treffen die Auswirkungen jene besonders stark, die ohnehin von Benachteiligung bzw. Ungleichbehandlung betroffen sind, wie bspw. Frauen, Kinder oder gesundheitlich eingeschränkte Menschen. Ebenso werden neben den jetzigen auch zukünftige Generationen von den Folgen des KW betroffen sein, was sich ebenfalls als ethische Herausforderung beschreiben lässt. Zuletzt sehen die Autoren ebenfalls eine Verantwortung ggb. nicht menschlicher Natur wie Tieren, Pflanzen oder einzigartigen Landschaften.[3]

Diese Auslagerung der Folgen des KW auf die, die ihn mehrheitlich nicht zu verantworten haben, zieht daher eine klare Handlungsaufforderung für jene nach sich, deren wirtschaftlicher und gesellschaftlicher Wohlstand darauf zurückzuführen ist, ihn maßgeblich hervorgerufen zu haben. Gemeint sind alle, vor allem westliche, Industrienationen. Nach anfänglichem Zögern erkennen diese die Verantwortung auch zunehmend an und formulieren in nationalen Strategien Ziele zur ökologischen Umstellung ihrer Wirtschaft und Gesellschaft. So will Deutschland als größte europäische Volkswirtschaft bis 2030 seine THGE im Vergleich zu 1990 um 65% senken, 80% seines Stromverbrauchs aus erneuerbaren Energien decken sowie 50% der erforderlichen Wärme klimaneutral erzeugen.[4]

---

[3]Vgl. Kenner et al., 2022
[4]Vgl. Andreae et al., 2023

3 Die Zukunft fährt elektrisch

Wie bereits im vorangegangen Abschnitt erwähnt, lassen sich im Bereich der Mobilität bzw. des Verkehrs große Mengen an THGE vermeiden. Vor allem die weitreichende Umstellung der Antriebstechnologie von herkömmlichen Verbrennungsmotoren zu voll oder teilweise elektrisch angetriebenen Fahrzeugen[1] wird seit einigen Jahren politisch stark vorangetrieben. Demnach wurden allein in Deutschland seit 2016 etwa 1,7 Millionen Anträge auf Förderung für Elektrofahrzeuge gestellt. Neben diesen Anreizen für den Kauf setzten mehrere Bundesregierungen verschiedene weitere. Aktuell werden bspw. innovative Vorhaben rund um die Vertiefung von Kompetenzen zur Batterieherstellung und zu deren Recycling in Deutschland und Europa gefördert, um so Standortvorteile zu generieren. Durch solche Kaufanreize und Technologieförderungen wuchs die Zahl der elektrischen Fahrzeugmodelle deutscher Hersteller auf etwa 80 (Stand Juli 2022).[2]

Allerdings wurde die durchaus früh wahrnehmbare Entwicklung hin zur Elektromobilität explizit von deutschen Herstellern erst spät ernst genommen. Andere, vor allem amerikanische und chinesische Hersteller, erkannten den Trend deutlich früher und konnten so eine deutliche Vormachtstellung erreichen. Betrachtet man die addierten Verkaufszahlen von BEV und PHEV[3] der 10 weltweit größten Hersteller, belegt der chinesische Hersteller BYD den ersten Platz. Dieser verkauft demnach allein mehr als doppelt so viele Fahrzeuge wie die drei deutschen Hersteller, die ebenfalls auf der Liste zu finden sind, gemeinsam.[4] Zusätzlich zu BYD finden sich auf der Liste noch einige weitere chinesische Hersteller, die allesamt aufstrebende Zahlen verzeichnen. Die Volksrepublik (VR) vereint demnach 65% der weltweiten PHEV- und 59% der BEV-Verkäufe auf sich.[5] Diese deutliche Vormachtstellung wurde jedoch nicht ausschließlich durch frühe strategische Unternehmensentscheidungen erreicht. Auch umfassende staatliche Subventionen trugen dazu bei, weshalb einige andere Volkswirtschaften, darunter die USA bereits Strafzölle auf chinesische Fabrikate erlassen, um ihre eigenen Hersteller zu schützen.[6]

---

[1]Gemeint sind an dieser Stelle Hybrid Fahrzeuge, also solche, die sowohl über einen Elektro- als auch einen konventionellen Verbrennungsantrieb verfügen.

[2]Vgl. BMWK, o. J.

[3]Battery Electric Vehicle (BEV) bzw. Plug-in Hybrid Electric Vehicle (PHEV)

[4]Dabei handelt es sich um BMW (Platz 3), VW (Platz 5) und Mercedes Benz (Platz 7).

[5]Dabei ist zu beachten, dass China auch den mit Abstand größten Markt für Automobile darstellt.

[6]Vgl. Dr. Large, 2024

Auch wenn klassische Verbrennungsmotoren aktuell weiterhin die am weitesten verbreitete Antriebstechnologie leichter PKW darstellen, ist insgesamt doch eine deutliche Tendenz hin zu einer steigenden Verbreitung von Elektrofahrzeugen erkennbar. So waren 2022 weltweit knapp 28 Millionen zugelassen, was einen Zuwachs von knapp 10 Millionen ggb. dem Vorjahr darstellt. Die Internationale Energieagentur (IEA) rechnet 2030 bereits mit mehr als 200 Millionen zugelassenen Elektro-PKW.[7] Dieser Trend zeichnet sich auch in Deutschland ab, wie in Abbildung 3.1 deutlich zu erkennen ist.

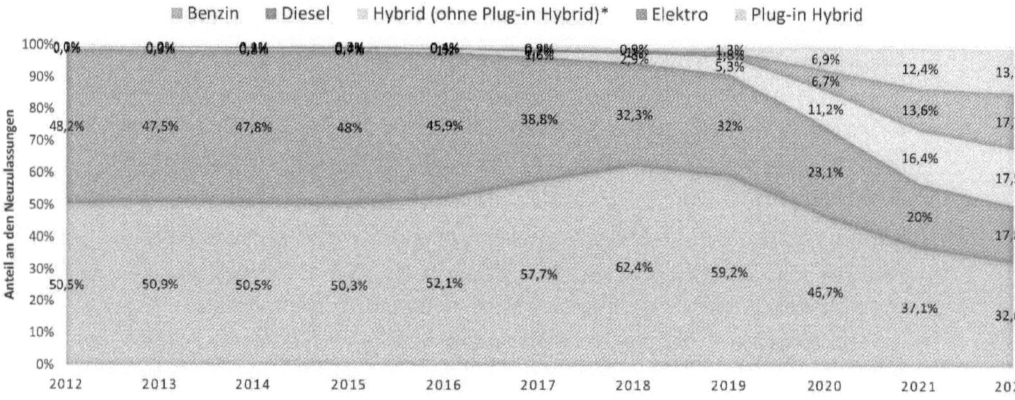

Anm. der Red.: In dieser Abb. stellt Plug- in Hybrid den obersten Teil dar mit 13,7 Prozent in 2022, Elketro den zweitobersten und fortfolgend.

Abbildung 3.1: PKW-Neuzulassungen in Deutschland nach Antriebsart, Stand 2022. Gonzales, 2024, S.4

---

[7]Vgl. Dr. Large, 2024

4 Seltene Erden

Bevor die Bedeutung der SE im Zuge der vorangestellt beschriebenen Thematik einer Energie-
und Mobilitätswende erläutert werden kann, sollen zunächst einige Punkte zur generellen Einordnung dieser Elemente erfolgen. Dazu zählen begriffliche und chemische Erläuterungen sowie eine anschließende Darstellung der derzeitigen Situation in Bezug auf bekannte Vorkommen und Abbaugebiete seltener Erden ebenso wie deren wichtigste Anwendungsgebiete. Dabei
werden vor allem jene Verwendungszwecke fokussiert, die im Hinblick auf die Erfordernisse
zur Umsetzung der Energiewende im Mittelpunkt stehen.

4.1 Allgemeine Einordnung

Der Begriff SE ist zunächst in zweierlei Hinsicht irreführend. Zum Einen sind die meisten der
dazu zählenden Elemente nicht wirklich selten, sondern kommen weltweit in großen Mengen
vor. Allerdings ist ihre Konzentration in den Mineralien, in denen sie enthalten sind, meist sehr
gering, weshalb bei den historisch ersten Entdeckungen von seltenen Funden die Rede war. Zum
Anderen geht hierauf auch der Begriff Erden zurück, welcher zu dieser Zeit gleichbedeutend
wie Oxide verwendet wurde. Als solche wurden die Elemente erstmals isoliert und erhielten
daher den Namen. Chemisch gehören sie eigentlich zu den Metallen, weshalb synonym auch
häufig von Seltenerdmetallen gesprochen wird.[1]

Genau betrachtet zählt man zur Gruppe der SE die sog. Lanthanoide[2] sowie die einzelnen Elemente Scandium und Yttrium.[3] Die Gruppe der Lanthanoide wird im Periodensystem der Elemente zusammengefasst dargestellt, wie in Abbildung 4.1 zu sehen ist. Des Weiteren lassen sich
die Elemente in leichte und schwere SE aufteilen. Ihre chemischen Eigenschaften sind wieder-
um ähnlich. Alle sind grau oder silbrig glänzend, relativ weich und sehr reaktionsfreudig mit
Sauerstoff. Einige sind zudem in fein verteiltem Zustand selbst entzündlich. Zudem besitzen sie
teils paramagnetische[4], teils ferromagnetische[5] Eigenschaften.[6] Diese Punkte sollen zur allge-
meinen Einordnung der SE genügen. Für eine detailliertere chemische Betrachtung sei an dieser
Stelle auf die weiterführende Literatur verwiesen.

---

[1] Vgl. TRADIUM GmbH, o. J.
[2] Im Einzelnen zählen dazu Cer, Praseodym, Neodym, Promethium, Samarium, Europium, Gadolinium, Terbium,
  Dysprosium, Holmium, Erbium, Thulium, Ytterbium, Lutetium und Lanthan.
[3] Vgl. TRADIUM GmbH. o. J.
[4] Temporäre Magnetisierung nach Anlegen eines äußeren Magnetfeldes.
[5] Dauerhafte Magnetisierung nach Anlegen eines äußeren Magnetfeldes.
[6] Vgl. TRADIUM GmbH, o. J.

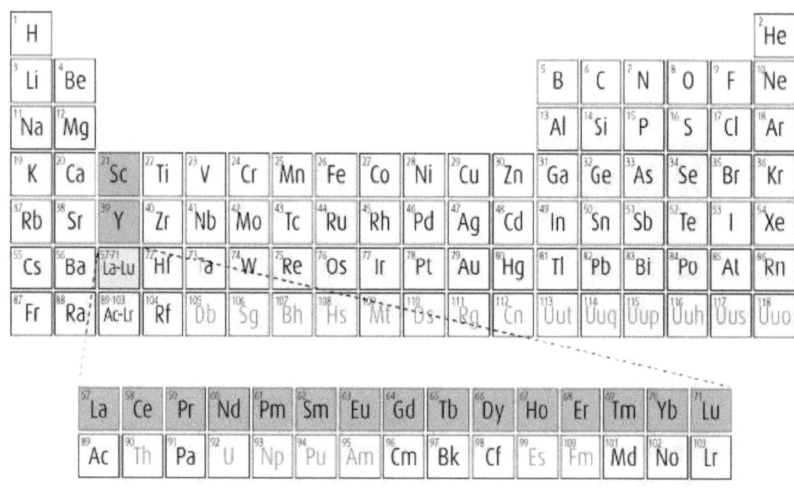

Abbildung 4.1: Periodensystem der Elemente mit Hervorhebung der Elementegruppe der Seltenen Erden. Gonzales. 2024. S.6

4.2 Vorkommen und Abbau

Wie bereits im vorangegangenen Abschnitt beschrieben, kann man die weltweite Vorkommenshäufigkeit Seltener Erden nicht wirklich selten nennen. Durch deren geringe Konzentration in den Aushubmassen ist jedoch die aus wirtschaftlicher Sicht lohnende Ansammlung in Lagerstätten relativ selten, sodass sich weltweit nur wenige größere und damit wirtschaftlich interessante Abbaugebiete finden. Diese befinden sich vor allem in China, den USA sowie Russland, Südamerika und Australien.[7] Zwar betrieben westliche Länder wie die USA und Australien seit Mitte des 20. Jhd. noch Minen zum Abbau seltener Erden, stellten diese aber bis zum Ende der 1990er Jahre wegen Unwirtschaftlichkeit nahezu gänzlich ein. Nur die VR China blieb als nennenswertes Erzeugerland im internationalen Markt bestehen und baute diese Monopolstellung neben den Kapazitäten im Abbau auch in denen der Weiterverarbeitung weiter aus. So förderte China 2008 etwa 97% des weltweiten Bedarfs Seltener Erden und betreibt nahezu 90% der Kapazitäten zu deren Weiterverarbeitung. Dies ließ sich vor allem auf niedrige Lohnkosten und Umweltstandards zurückführen, da diese Umstände den wirtschaftlichen Betrieb der

---

[7]Vgl. Kastrup et al., 2017

Minen ermöglichte.[8] [9] Durch die stetige Zunahme des weltweiten Bedarfs an SE, kombiniert mit chinesischen Exportbeschränkungen, wuchs so die Abhängigkeit der internationalen Märkte von der VR China, wodurch die stillgelegten Minen teilweise reaktiviert wurden. Abbildung 4.2 zeigt die derzeitig relevanten Erzeuger durch Minenproduktion. Unter Sonstige sind dabei Burma, Thailand, Vietnam, Indien, Russland, Madagaskar und Brasilien zusammengefasst.[10] 2023 wurden zudem nennenswerte Vorkommen in Schweden entdeckt, welche die Hoffnung bergen, auch die europäische Abhängigkeit von China zu verringern. Deren Erschließung wird aber vermutlich noch mehrere Jahre dauern, weshalb sie nur am Rande Erwähnung finden.[11] Die größten zur Zeit in Betrieb befindlichen Minen sind daher Bayan Obo in (China), Mountain Pass (USA) und Mt. Weld (Australien).

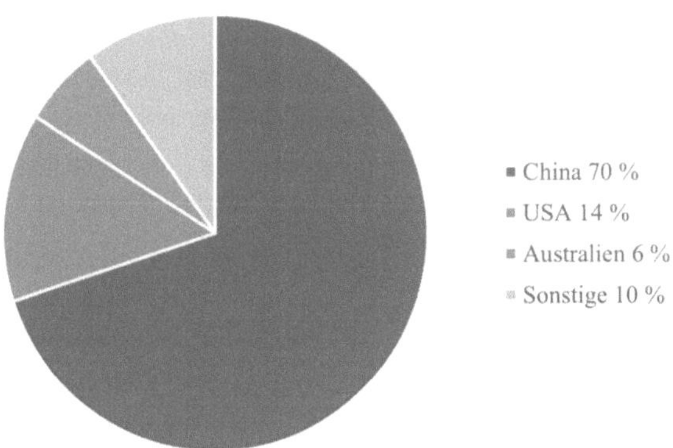

Abbildung 4.2: Erzeugerländer Seltener Erden nach durch Minenproduktion, Stand 2022. Eigene Darstellung nach Gonzales. 2024. S.9

Betrachtet man das Verfahren des Abbauprozesses Seltener Erden generell, gestaltet sich dieser äußerst aufwendig. Zunächst sind große Aushubmengen erforderlich, da die Konzentration der SE in den Mineralien, wie bereits erwähnt, recht gering ausfällt. Zudem ist eine Vielzahl physischer sowie chemischer Trennvorgänge notwendig um die einzelnen Elemente zu isolieren. Dabei entstehen zum Teil radioaktive Schlämme, welche eine starke Umweltbelastung darstellen.[12]

---

[8]Vgl. Albrecht, Triebswetter, Lippelt, 2010
[9]Vgl. TRADIUM GmbH, o. J.
[10]Vgl. Gonzales, 2024
[11]Vgl. TRADIUM GmbH, o. J.
[12]Vgl. ebd.

4.3 Anwendungsgebiete

Die Anwendungsgebiete Seltener Erden finden sich in vielen Bereichen der Hightech-Industrie. Diese liegen neben den Industrien für Gläser, Keramiken, Legierungen und Polituren oder Lasertechnologien auch in Bereichen der Halbleiter-, Katalysatoren- und Permanentmagnetindustrie sowie der Batterieherstellung. Diese Bereiche sind vor allem im Hinblick auf Fragen der Energie- und Mobilitätswende für diese Arbeit von besonderem Interesse. Halbleiter werden unter anderem zur Herstellung von Solarzellen oder Computerchips benötigt, Katalysatoren zur Verringerung des Schadstoffausstosses von Fahrzeugen mit herkömmlichen Verbrennungsmotoren. Permanentmagnete finden ihren Einsatz in den Turbinen von Windkraftanlagen oder den Motoren von Elektrofahrzeugen.[13] Batteriespeicher bilden ein Schlüsselelement in vielen Bereichen der Energie- und Mobilitätswende, sowohl als direkte Zwischenspeicher elektrischer Energie aus Photovoltaikanlagen als auch zum Betrieb bateriegestützer Elektromobilität. Zu nennen ist weiterhin der Einsatz in Wasserelektrolysatoren, welche der Aufspaltung von Wasser in seine Bestandteile Sauerstoff und Wasserstoff unter Verwendung elektrischer Energie dienen. Dies spielt im Hinblick auf eine angestrebte Umstellung energieintensiver Industrien, wie bspw. der Stahlherstellung, auf einen Wasserstoffbetrieb eine entscheidende Rolle.[14]

All diese genannten Industriezweige bilden mit Blick auf die Zukunft entscheidende Schlüsseltechnologien. Aber vor allem die zuletzt genannten Einsatzgebiete in Magneten, Batterien, Halbleitern und Elekrolysatoren sind in Bezug auf Fragen einer ökologisch nachhaltigeren Wirtschaft besonders interessant für diese Abhandlung. Wie in Kapitel 2 beschrieben, ist in den vergangen Jahren weltweit die Erkenntnis gereift, dass eine Abmilderung des KW und damit eine Umstellung der Wirtschaft obligatorisch ist. Aufgrund der damit verbunden Anstrengungen von Staaten auf der ganzen Welt steigt der Bedarf an SE stetig an. So lag dieser allein in Deutschland im Jahr 2020 bei 131.000 t und wird laut der Deutschen Rohstoffagentur DERA bis 2030 jährlich um 6% auf knapp 190.000 t steigen. Weltweit betrachtet rechnet die IEA mit einer bis zu 7fach höheren Nachfrage von SE bis zum Jahr 2040.[15]

---

[13]Dazu zählen sowohl voll elektrische als Hybrid-Fahrzeuge.
[14]Vgl. TRADIUM GmbH, o. J.
[15]Vgl. ebd.

5 Einordnung der aktuellen Situation

5.1 Ökologie und Ethik

Wie bereits erwähnt, besteht seit der Stilllegung von Minen in westlichen Ländern wie den USA und Australien eine hohe Abhängigkeit von der VR China was sowohl den Abbau als auch die Weiterverarbeitung Seltener Erden betrifft. Dieser Umstand wurde seitens Chinas nicht zuletzt durch deutlich niedrigere Umweltstandards und schlechtere Arbeitsbedingungen, welche die Lohnkosten niedrig halten, erreicht. Betrachtet man dies in Kombination mit dem Anteil der weltweiten Förder- und Weiterverarbeitungsmenge, den die VR in sich vereint, entsteht ein bedenkliches Bild in Fragen der Ökologie und der Ethik. Gonzales führt dazu treffende Beispiele auf. So entstehen bei der Förderung Seltener Erden große Mengen umweltschädlicher Abfallstoffe. Laut einer Studie des ZMT fallen demnach bei der Raffination einer Tonne SE-Oxids 1,4 t radioaktiver Abfall, 2.000 t Abfallmaterial und 1.000 t schwermetallhaltiges Abwasser an. Wegen der geringen Auflagen gelangt ein Großteil dieser Stoffe in chinesischen Minen in die dort befindlichen Ökosysteme. Dies fördert sowohl Erkrankungen der örtlichen Bevölkerung, wie die statistische Zunahme an Fällen von Lungenkrebs und Skelettfluorose zeigt, als auch Schäden am Ökosystem selbst. Das zeigt sich unter anderem in der Verseuchung von Grundwasser und damit verbunden einer Kontaminierung von Ackerland und weitreichendem Vieh- und Fischsterben. Verschärft wird diese Situation zusätzlich durch illegal betriebene Minen, in denen nahezu keine Standards gelten und die ökologischen Auswirkungen demnach weit schlimmer sind.[1] [2] [3]

5.2 Ökonomie und Politik

SE sind für viele Zukunftstechnologien zwingend erforderlich. Vor allem die Themen rund um die Bekämpfung des globalen KW, Energiewende und Elektromobilität sind hier zu nennen. Daher werden sie auch als kritische Rohstoffe bezeichnet, deren Verfügbarkeit langfristig sichergestellt werden muss. Zur Zeit besteht allerdings durch Chinas Monopolstellung in den Bereichen Abbau und Weiterverarbeitung eine enorme Abhängigkeit westlicher Volkswirtschaften von der VR. Diese Abhängigkeit besteht in Bezug auf die Automobilindustrie weiterhin bezüglich des Produktabsatzes, da China ebenfalls den größten Markt für KFZ darstellt. Ein solches wirtschaftliches Ungleichgewicht ist vielseitig problematisch. So kann China quasi

---

[1]Vgl. Gonzales, 2024
[2]Vgl. Lohmann, 2023
[3]Vgl. ZMT, 2023

eigenständig die Weltmarktpreise für diese Rohstoffe bestimmen, indem es die Verfügbarkeit künstlich verknappt. 2010 musste das bspw. Japan erfahren, indem es sich in einem Lieferembargo Chinas befand. Ebenso lassen sich in einem einseitigen Abhängigkeitsverhältnis diplomatische Bestrebungen nach Verbesserungen für Umweltstandards oder Arbeitsbedingungen nur schlecht durchsetzen. Kritische Rohstoffe wie SE werden so zum Faustpfand für einzelne Staaten, ähnlich wie Rohöl. Um Abhilfe zu schaffen werden zunehmend wieder Bestrebungen betrieben, eigene Quellen zu reaktivieren oder neu zu schaffen. So nahm die Mountain Pass Mine in Kalifornien (USA) 2017 ihren Betrieb wieder auf, nachdem sie 2002 aufgrund von Unwirtschaftlichkeit stillgelegt wurde. Auch ein kürzlich entdecktes SE Vorkommen in Schweden lässt hoffen, die Abhängigkeit von China zu verringern. Allerdings wird die Erschließung solcher Kapazitäten noch Jahre dauern und wird somit kurzfristig keine Abhilfe leisten können.[4][5][6][7]

---

[4]Vgl. Adler, 2017
[5]Vgl. Albrecht, Triebswetter, Lippelt, 2010
[6]Vgl. Gonzales, 2024
[7]Vgl. TRADIUM, o. J.

6 Handlungsempfehlung

Wie lassen sich aus den vorangestellten Einordnungen nun Handlungsempfehlungen für den Umgang mit dem kritischen Rohstoff Seltene Erden formulieren? Es wurde deutlich, dass es aus Sicht westlicher Industrienationen, darunter auch Deutschland, eine starke Abhängigkeit ggb. China gibt, sowohl was den Bezug seltener Erden, als auch deren Weiterverarbeitung und den Absatz von entsprechenden Produkten, hauptsächlich in der Automobilbranche, gibt. Diese Situation muss in verschiedener Hinsicht als problematisch betrachtet werden, vor allem da tiefgreifende Unterschiede in Bezug auf das Verständnis von Menschenrechten, die Staats- oder Wirtschaftsform bestehen. Auch wenn diplomatische Beziehungen nie aufgegeben sondern stetig intensiviert werden sollten, lässt die derzeitige wirtschaftliche und geopolitische Situation doch eine Verminderung der westlichen Abhängigkeit bei der Verfügbarkeit kritischer Rohstoffe wie SE als ratsam erscheinen. Bei allen Überlegungen sei aber vorangestellt, dass eine systemisch vernetzte Betrachtung hier zwingend erforderlich ist.

6.1 Ressourcenquellen

Befindet man sich in Bezug auf eine Ressource in einem Abhängigkeitsverhältnis ggb. eines Lieferanten, lässt sich diese durch die Schaffung alternativer Bezugsquellen mindern. In Bezug auf SE ist die Reaktivierung von amerikanischen und australischen Minen hierbei ein bereits in der Umsetzung befindliches Vorhaben. Auch die Erschließung des Vorkommens in Schweden bietet gute Möglichkeiten, das weltweite Angebot zu erhöhen und so eine größere Verfügbarkeit zu schaffen. Zudem lässt sich in diesen Ländern, durch gemeinsame Wertvorstellungen, deutlich leichter Einfluss auf die Umsetzung von Arbeits- sowie Umweltstandards nehmen. Dabei müssen natürlich Aspekte der Wirtschaftlichkeit berücksichtigt werden, aufgrund derer die Minen in der Vergangenheit gegen die chinesische Konkurrenz nicht bestehen konnten. Höhere Weltmarktpreise aufgrund erhöhter Nachfrage begünstigen die derzeitige Situation in dieser Hinsicht allerdings und stellen daher einen nicht zu vernachlässigenden Unterschied zur Zeit der Schließung der Minen dar. Natürlich senkt ein so vergrößertes Angebot die Preise voraussichtlich, der weltweit steigende prognostizierte Bedarf an SE sollte dies aber ausgleichen, wenn nicht gänzlich verhindern.[1] Lässt sich eine Wirtschaftlichkeit neuer Minen nicht durch Mechanismen von Angebot und Nachfrage erreichen, ist auch die staatliche Förderung ein denkbares Mittel, da auch China dies in einigen Bereichen der Wirtschaft tut, um seinen Unternehmen Wettbewerbsvorteile zu verschaffen. Ob dieses Mittel mit dem westlichen Verständnis von libe-

---

[1] Vgl. IEA, 2024

raler Marktwirtschaft vereinbar ist, bietet Stoff für weiterführende Abhandlungen und zeigt die angesprochene systemische Vernetzung innerhalb der Thematik.

Abseits der Erschließung neuer Abbaukapazitäten sollten stärkere Anstrengungen im Bereich der Wiederverwertung kritischer Rohstoffe unternommen werden. Adler beschreibt hierzu umfassende Möglichkeiten des sog. Urban Mining, also Recycling bereits verwendeter Ressourcen als vielversprechende Quelle für SE. Er benennt bspw. die Berücksichtigung der Recycling Möglichkeit bereits in der Produktgestaltung als zukünftig elementar notwendig. Entsprechende Technologien müssen allerdings noch verbessert werden, um eine wirtschaftliche Alternative zum klassischen Bergbau darzustellen. Außerdem haben die meisten großen Anlagen, wie Windkraftanlagen oder auch die ersten Elektroautos, ihre Lebensdauer noch nicht erreicht und könnten erst in einigen Jahren einer Wiederverwertungswirtschaft zur Verfügung stehen.[2]

6.2 Ressourcenbedarf und Verwendungspriorisierung

Neben der Schaffung neuer Bezugsquellen für SE lässt sich die Abhängigkeit durch Minderung des eigenen Bedarfs reduzieren. Durch die Ziele zur Dekarbonisierung der Energieversorgung und dem damit verbundenen Ausbau von Wind- und Photovoltaikanlagen wird der Bedarf innerhalb dieser Bereiche voraussichtlich eher ansteigen als dass er sich senken ließe. Betrachtet man hingegen den Bereich der Mobilität, könnten Überlegungen sinnhaft sein, über die Einführung bzw. die Intensivierung neuer Mobilitätskonzepte, vor allem im Bereich des Individualverkehrs in urbanen Gebieten, die Anzahl der Fahrzeuge und damit den Bedarf an SE zu reduzieren. In Verbindung mit der prognostizierten Steigerung im Energiesektor sollte man daher treffender von einer Verwendungspriorisierung der begrenzten Kapazitäten sprechen.

Die angesprochenen alternativen Mobilitätskonzepte umfassen neben dem PKW basierten Individualverkehr vor allem Intensivierungen im Bereich Öffentlicher Personennahverkehr (ÖPNV) sowie Förderung von Shared Mobility Solutions. Darunter versteht man die gemeinsame Nutzung verschiedenster Kleinverkehrsmittel wie PKW, Motorräder, Fahrräder oder Elektroroller. Gegenüber dem bisher üblichen Konsumverständnis werden solche Konzepte unter dem Schlagwort Nutzen statt Besitzen zusammengefasst, welche auch auf weitere Bereiche übertragbar sind und so weitreichende Möglichkeiten zur Einsparung von Ressourcen bieten können.[3] Die so erreichte Minderung der Anzahl von Fahrzeugen bzw. Förderung der Nutzung kleinerer bietet in Großstädten nicht nur Möglichkeiten zur Einsparung des Bedarfs Seltener Erden, sondern auch in Bezug auf weitere Ressourcen, wie bspw. Raum. Weniger Fahrzeuge bedeuten weniger Platz für deren Infrastruktur, wie Straßen und Parkflächen, und damit mehr für Wohnraum oder Raum für bessere Lebensqualität (Grünflächen etc.), um nur Beispiele zu nennen. Natürlich

---

[2]Vgl. Adler, 2017
[3]Vgl. Gsell et al., 2015

stößt dies eine größere Debatte rund um liberalen Zugang und das Recht auf Besitz an, welche politischen und gesellschaftlichen Zündstoff bieten kann. Auch dem konservativen Wirtschaftsverständnis steht die Vorstellung, weniger zu besitzen und damit auch weniger zu konsumieren, eher widersprüchlich ggb. Vor allem in Deutschland, dessen Automobilindustrie eine Schlüsselbranche darstellt, würde dies zu Diskussionen über Arbeitslosigkeit und sinkenden Wohlstand führen. Dem entgegen stünden Argumente, die bei einer Verkleinerung eines Wirtschaftszweigs die Verlagerung dessen Potentials in einen anderen sehen.[4] Ob diese Verlagerung ausreicht, um wirtschaftlichen Erfolg in Form von immer weiter wachsendem BIP[5] zu gewährleisten oder ob dieses Wirtschaftsverständnis in der Umgebung allgemein endlicher Ressourcen nicht grundlegend überdacht werden sollte, übersteigt den Rahmen dieser Arbeit deutlich und sollte Inhalt weiterführender Abhandlungen sein.

6.3 Auswirkung auf ethische Fragen

Die vorangestellten Überlegungen bieten eine Diskussionsgrundlage zur Verringerung der Abhängigkeit westlicher Volkswirtschaften von China im Hinblick auf den Bezug von SE. Damit verbessert sich nicht nur die Versorgungssicherheit mit kritischen Rohstoffen, sondern stärkt auch die Verhandlungsposition ggb. China bei der Durchsetzung eigener Interessen. So können Verbesserungen in Bezug auf örtlich vorherrschende Arbeitsbedingungen sowie Umweltstandards erreicht werden. Damit bietet diese Strategie die Möglichkeit, beide Ziele zu erreichen, Vorantreiben eigener Ökologischer Ziele unter Beachtung der Wirtschaftlichkeit und die Erhöhung menschenrechtlicher und ökologischer Standards außerhalb des direkten Einflussbereichs.

---

[4]Beispiel: Weniger Autos bedeuten mehr Straßenbahnen und Busse für ÖPNV, da Mobilitätsbedarf weiterhin besteht.

[5]Bruttoinlandsprodukt

7 Zusammenfassung und kritische Reflexion

Der Klimawandel gestaltet sich als die Herausforderung des 21. Jhd. und betrifft dabei global alle Gesellschaften. Darüber sind sich, manifestiert im Pariser Klimaschutzabkommen von 2015, fast 200 Staaten einig und beschlossen darin Maßnahmen zu ergreifen, den weltweiten Temperaturanstieg auf maximal 2°C zu begrenzen. Dazu wurde vor allem die Dekarbonisierung der Bereiche Energieversorgung, Verkehr und Wärme als größter Hebel zur Einsparung von Treibhausgasemissionen ausgemacht. Für zwei dieser Bereiche, nämlich Energieversorgung und Verkehr, bilden Seltene Erden einen Kritischen Rohstoff, da sie für verschiedene Schlüsseltechnologien, wie Permanentmagnete, Batterien oder Solarzellen benötigt werden. Ihr Abbau gestaltet sich allerdings aufwendig und ist mit verschiedenen Risiken wie hoher Umweltbelastung und schwierigen Arbeitsbedingungen verbunden. Daher wurden im Laufe der Zeit nahezu alle Minen, die in westlichen Staaten betrieben wurden, stillgelegt. Als Resultat dessen fördert die Volksrepublik China derzeit rund 70% der weltweiten Kapazitäten Seltener Erden und stellt sogar ca. 90% derer zur Weiterverarbeitung. Aufgrund niedriger Menschenrechts- und Umweltstandards in deren Minen gestaltet sich ein ethisches Problem. Die einseitige Abhängigkeit westlicher Staaten gefährdet zudem deren wirtschaftliches Wachstum in den genannten Zukunftstechnologien und verhindert zudem die Möglichkeit zur effektiven Einflussnahme zur Verbesserung der sozialen und ökologischen Situation.

Die Verringerung dieser Abhängigkeit über die Erschließung neuer Bezugsquellen einerseits sowie die Senkung bzw. Steuerung des Bedarfs dieser Rohstoffe andererseits sollte daher ein vorrangiges Interesse westlicher Volkswirtschaften wie Deutschland sein. Darüber ließe sich nicht nur eigenes wirtschaftliches Wachstum sicherstellen, sondern auch bessere Möglichkeiten der politischen Einflussnahme erreichen, um so ökologische und soziale Standards zu verbessern. Die vorliegende Arbeit zeigt hierzu einige Möglichkeiten auf und stellt diese zur Diskussion.

Die systemische Vernetzung innerhalb dieses Themas stellt dabei die größte Herausforderung dar. Vor allem die Kapitel 5 und 6 haben gezeigt, dass eine einseitige Betrachtung nicht sinnvoll ist, da Entscheidungen bzw. Überlegungen in eine Richtung komplexe Wechselwirkungen in anderen Bereichen zur Folge haben. Der gesteckte Rahmen dieser Abhandlung begrenzt daher die inhaltliche Tiefe bei der Findung von Handlungsempfehlungen deutlich und muss daher Teil einer kritischen Reflexion sein.

Abbildungsverzeichnis

Abkürzungsverzeichnis

BEV Battery Electric Vehicle

IEA Internationale Energieagentur

KW Klimawandel

ÖPNV Öffentlicher Personennahverkehr

PHEV Plug-in Hybrid Electric Vehicle

SE Seltene Erden

THGE Treibhausgasemissionen

VR Volksrepublik

Literaturverzeichnis

[1] ADLER B. (2017): *Strategische Metalle – Eigenschaften, Anwendung und Recycling. Halle (Saale). Springer-Verlag Berlin Heidelberg*

[2] ALBRECHT J., TRIEBSWETTER U., LIPPELT J. (2010): *Kurz zum Klima: Seltene Erden: Chinas Weltmonopol bei Hightechinputs. ifo Schnelldienst. 22/2010 – 63. Jahrgang*

[3] ANDREAE K., LIEBING I., DR. SCHLAAK T., WALTER H. (2023): *Kapital für die Energiewende. Positionspapier. Deloitte Touche Tohmatsu Limited*

[4] BMWK - BUNDESMINISTERIUM FÜR WIRTSCHAFT UND KLIMASCHUTZ (HRSG.) (O. J.): *Elektromobilität in Deutschland. https://www.bmwk.de/Redaktion/DE/Dossier/elektromobilitaet.html. (Zugriff am 02.10.2024).*

[5] DR. LARGE M., ALL-ELECTRONICS (HRSG.) (2024): *Das sind die größten Hersteller von E-Autos [2023&2024]. https://www.all-electronics.de/e-mobility/das-sind-die-groessten-hersteller-von-e-autos-435.html. (Zugriff am 02.10.2024).*

[6] GONZALES F. (2024): *Energiewende im Fokus der Wirtschaftsethik. GRIN Verlag*

[7] GSELL M., DEHOUST G., HÜLSMANN F., BROMMER E., CHEUNG E., FÖRSTER H., KASTEN P., MÖCK A., MOLLNOR PUTZKE H., QUACK D., UMWELTBUNDESAMT (HRSG.) (2015): *Nutzen statt Besitzen: Neue Ansätze für eine Collaborative Economy. https://www.umweltbundesamt.de/publikationen/nutzen statt besitzen-neue-ansaetze-fuer-eine. (Zugriff am 06.10.2024).*

[8] INTERNATIONAL ENERGY AGENCY (IEA) (HRSG.) (2024): *Global Critical Minerals Outlook 2024. IEA Publications. https://iea.blob.core.windows.net/assets/ee01701d-1d5c-4ba8-9df6-abeeac9de99a/GlobalCriticalMineralsOutlook2024.pdf. (Zugriff am 05.10.2024).*

[9] KASTRUP U., GUTBRODT B., GRÜN G., DÄHLER A., VERNOOIJ M., THURNHERR I. (2017): *BodenSchätzeWerte. Unser Umgang mit Rohstoffen. vdf Hochschulverlag AG. ETH Zürich*

[10] KENNER L., KENNER S., PRAINSACK B., WALLNER P., LEMMERER K., WEITENSFELDER L., HUTTER H. (2022): *Die Klimakrise als ethische Herausforderung. Wien. WMW - Wiener Medizinische Wochenschrift*

[11] LOHMANN B. (2023): *Energiewende: Forscher skizzieren globale Kreislaufwirtschaft für Seltene Erden. https://www.riffreporter.de/de/umwelt/energiewende-seltene-erden-recycling-kreislaufwirtschaft-studie. (Zugriff am 04.10.2024)*

[12] SENEVIRATNE S. (2021): *Klimakrise: Die Zeit drängt, in Phys. Unserer Zeit. Wiley-VCH GmbH*

[13] TRADIUM GMBH (HRSG.) (O. J.): *Seltene Erden. https://selteneerden.de. (Zugriff am 28.09.2024).*

[14] ZEIT ONLINE (HRSG.) (2019): *"Deutschland ist Autoland". https://www.zeit.de/mobilitaet/2019-02/henning-kagermann-tempolimit-andreas-scheuer-verkehrspolitik. (Zugriff am 06.10.2024).*

[15] ZMT - LEIBNIZ-ZENTRUM FÜR MARINE TROPENFORSCHUNG (HRSG.) (2023): *Eine Kreislaufwirtschaft für Seltene Erden: Wie kann das gelingen?. https://www.leibniz-zmt.de/de/neuigkeiten/nachrichten-aktuelles/archiv-news/eine-kreislaufwirtschaft-fuer-seltene-erden-wie-kann-das-gelingen.html. (Zugriff am 04.10.2024).*